Zegeye Tessema

Prevalência da infeção por VIH/SIDA entre os doentes com tuberculose

Zegeye Tessema

Prevalência da infeção por VIH/SIDA entre os doentes com tuberculose

ScienciaScripts

Imprint

Any brand names and product names mentioned in this book are subject to trademark, brand or patent protection and are trademarks or registered trademarks of their respective holders. The use of brand names, product names, common names, trade names, product descriptions etc. even without a particular marking in this work is in no way to be construed to mean that such names may be regarded as unrestricted in respect of trademark and brand protection legislation and could thus be used by anyone.

Cover image: www.ingimage.com

This book is a translation from the original published under ISBN 978-3-659-52494-3.

Publisher:
Sciencia Scripts
is a trademark of
Dodo Books Indian Ocean Ltd. and OmniScriptum S.R.L publishing group

120 High Road, East Finchley, London, N2 9ED, United Kingdom
Str. Armeneasca 28/1, office 1, Chisinau MD-2012, Republic of Moldova, Europe
Printed at: see last page
ISBN: 978-620-7-69404-4

Índice

Agradecimentos

Gostaria de transmitir os meus sinceros agradecimentos ao Ministério Federal da Saúde e Higiene e ao Departamento de Saúde Ambiental pelo patrocínio e assistência financeira

Estou muito grato ao meu orientador, Dr. Mengesha Admassu, pelos seus conselhos sem reservas, encorajamento e comentários construtivos ao longo de todo o estudo, sem os quais não teria sido possível levar o estudo até esta fase.

O Gabinete Regional de Saúde de Adis Abeba, todos os centros de saúde pública em Adis Abeba, o Exército Generalizado e o Hospital da Força Policial, em particular o chefe das clínicas Dots, são muito reconhecidos pela sua ajuda vital durante o trabalho de recolha de dados.

Devo também estender a minha veneração ao Dr. Sintayehu Tsegaye e ao Dr. Mohammed Abseno, que me ajudaram muito na partilha de ideias para finalizar o texto.

Por último, gostaria de agradecer à minha família, especialmente à minha mulher, Sr. Genet Lemma, por todo o apoio e encorajamento durante o período de estudo.

ACRÓNIMOS

AAU	Addis Ababa University
AFB	Acid fast Bacilli
AIDS	Acquired Immune Deficiency Syndrome
ART	Anti-Retroviral Treatment
BCC	Behaviour change Communication
CDC	Centres for Disease Control and Prevention
CSW	Commercial Sex Workers
CT	Counselling and Testing
DHS	Demographic Health Survey
DOTS	Directly Observed Treatment short course
ELISA	Enzyme Linked Immune –Sorbant Assay
EP	Extra- Pulmonary
HAPCO	HIV/AIDS Prevention and Control Office
HIV	Human Immunodeficiency Virus
KAP	Knowledge Attitude and Practice
MTB	Mycobacterium Tuberculosis Bacteria
MTCT	Mother-to-Child Transmission
NTP	National Tuberculosis Program
PICT	Provider Initiated Counselling and Testing
PLWHA	People Living with HIV/AIDS
PMTCT	Prevention of Mother –to- Child Transmission
STD	Sexual Transmitted Diseases
TB	Tuberculosis
UAT	Unlinked anonymous Testing
VCT	Voluntary Counselling and Testing
WHO	World Health Organisation

RESUMO

A TB e o VIH são os principais problemas de saúde pública em Adis Abeba, tendo em conta este facto; foi realizado um estudo transversal de base institucional na região administrativa de Adis Abeba de setembro de 2009 a fevereiro de 2010.

O objetivo do estudo foi determinar a seroprevalência do VIH entre os doentes de tuberculose registados nas clínicas públicas DOT de Adis Abeba. O anticorpo contra o VIH foi determinado utilizando uma única técnica ELSA.

Foi incluído no estudo um total de 417 doentes com tuberculose em 26 clínicas Dots (cuidados intensivos) com 16 anos ou mais. A taxa global de seroprevalência do VIH entre os doentes com tuberculose foi de 32,5%. A taxa mais elevada foi observada no grupo etário dos 30 aos 39 anos. Verificou-se que 49,3% dos homens eram seropositivos para o VIH em proporções quase iguais às das mulheres (50,7%). O facto de não ser casado foi associado a um resultado positivo do teste do VIH (p<0,005). Os doentes divorciados e viúvos tinham uma elevada proporção de seropositivos. Os trabalhadores diários e os doentes que viviam sozinhos estavam significativamente infectados com o VIH (p<0,001). A taxa de VIH positivo era mais elevada entre os doentes com tuberculose pulmonar do que entre os casos de tuberculose extra-pulmonar. Verificou-se que 25% dos doentes pulmonares com baciloscopia positiva estavam significativamente associados a um resultado seropositivo para o VIH, em comparação com 15,6% dos casos de tuberculose pulmonar com baciloscopia negativa.

Concluiu-se que a infeção pelo VIH é altamente prevalente entre os tuberculosos com baciloscopia positiva, os que têm um nível de escolaridade mais elevado, os trabalhadores diários, os jovens, os clientes de TB solteiros, as pessoas com antecedentes de DST e os que têm múltiplos parceiros sexuais. Por último, recomenda-se a realização de um estudo qualitativo de apoio adicional sobre o CAP dos doentes de TB em relação ao VIH/SIDA.

CAPÍTULO 1. INTRODUÇÃO

A tuberculose (TB) tem continuado a ser, desde há séculos, um problema de saúde pública de enorme importância, sobretudo nos países em desenvolvimento, causando um pesado prejuízo a quem está no auge da vida. O aparecimento do vírus da imunodeficiência humana (VIH) e a sua estreita associação com a tuberculose representam um desafio ainda maior para os sistemas de saúde em geral e para os programas de tuberculose em particular, nos países africanos e asiáticos. O VIH é considerado o fator de risco mais potente para a progressão para a tuberculose ativa entre as pessoas infectadas tanto com a tuberculose como com o VIH (1)

A forma da epidemia de tuberculose foi dramaticamente afetada pelo VIH. A tuberculose é uma das principais causas de morte no mundo, especialmente nos países em desenvolvimento (2). Segundo as estimativas da Organização Mundial de Saúde (OMS), mata dois milhões de pessoas por ano e outros oito milhões ficam doentes. Embora um terço da população mundial esteja infetada com a micobactéria, a maioria das pessoas não fica doente a não ser que o seu sistema imunitário esteja comprometido e é exatamente isso que o vírus VIH faz (3). Atualmente, a tuberculose é a principal causa de morte entre as pessoas que vivem com o VIH.

O VIH/SIDA e a tuberculose contam-se entre as principais causas de sofrimento humano na Etiópia (3). Estimativas recentes sugerem que há cerca de 1,5 milhões de etíopes afectados pelo VIH (3) e que a prevalência nacional do VIH nos adultos foi de 2,1% (7,7% nas zonas urbanas e 0,9% nas zonas rurais) (3). A incidência do VIH nos adultos foi de 0,28% (1,73% nas zonas urbanas e 0,19% nas zonas rurais). A infeção pelo VIH destrói o mecanismo de defesa imunitária do organismo, pelo que constitui um importante fator de risco para o desenvolvimento da TB. Existem três mecanismos que parecem relevantes para o desenvolvimento da TB associada ao VIH, que são a reativação, a progressão da infeção recente e a reinfeção (4).

A importância da tuberculose para a epidemia mundial de VIH é enorme. A tuberculose é, por si só, um grave problema de saúde, mas é também a causa mais provável de morte das pessoas seropositivas (4). Tal como o VIH, a tuberculose tem tido um impacto desigual em todo o mundo. Em algumas partes do mundo, a tuberculose está a aumentar após quase quarenta anos de declínio. A escalada das taxas de TB na última década em muitos países da África Subsariana e em partes do Sudeste Asiático deveu-se principalmente à epidemia de VIH (5).

rdA TB é a terceira principal causa de morbilidade e mortalidade nas unidades de saúde da Etiópia e a Etiópia ocupa o 8.º lugar a nível mundial e o 3.º lugar em África (a seguir à Nigéria e à África do Sul) em termos de número estimado de casos. A taxa de incidência da TB na Etiópia, de acordo com a OMS, foi de 341/100.000. 73 pessoas morrem de TB em cada 100.000 na Etiópia (7).

Em 1999, havia 125.552 doentes com tuberculose na Etiópia, dos quais 37.645 tinham baciloscopia positiva. Um total de 19.709 clientes de TB foram inscritos para PICT/VCT e 6172 (31%) foram considerados seropositivos para o VIH/SIDA em 1999-2000EC na Etiópia (8)

Quadro 1: Número de doentes com TB testados para o VIH nas clínicas DOTS públicas de Adis Abeba 1998-2000CE

Trimestre de anos	Ano	Número de doentes com tuberculose testados	estatuto	Estado	percentil
	1998		negativo	positivo	%
Trimestre	3ª	349	290	158	54.40%
	4.o	1628	862	428	49.60%
	1999	13 000	4947	1931	39%
	2000				
Trimestre	1º	1758	1268	510	40%

(Gabinete de Saúde de Adis Abeba, relatório do Departamento de Prevenção e Controlo das Doenças, 2007).

De acordo com o relatório do Gabinete de Saúde de Adis Abeba, a prevalência do VIH aumentou em Adis Abeba desde o início do PICT, em meados de 1998. O programa PICT começou a ser implementado a partir de 3rd trimestre de 1998EC. Em 1999EC, foi comunicado que a prevalência do VIH entre os doentes com tuberculose em Adis Abeba era de 39% e, em 2007, o relatório do primeiro trimestre revela que a prevalência era de 40%.

1.1. Magnitude do problema

De acordo com as estimativas da OMS, quase um terço da população mundial está infetada com a bactéria da tuberculose e corre o risco de desenvolver uma doença ativa, 8,8 milhões de pessoas desenvolvem uma tuberculose ativa todos os anos e quase 2 milhões morrem da doença, incluindo 195 000 doentes infectados com VIH (7, 10). A taxa de incidência global da tuberculose está a crescer aproximadamente 0,4% por ano, mas muito mais rapidamente na África Subsariana, incluindo a Etiópia, que foi de 55% por ano, provavelmente devido à propagação do VIH (11), o que reflecte a rápida propagação da infeção pelo VIH em simultâneo com a tuberculose no país. O VIH é responsável por cerca de 32% do total estimado de 141 000 casos de tuberculose em 2005 na Etiópia. Assim, vários relatórios da vigilância nacional (MOH) reflectem o aumento progressivo da epidemia ao longo do tempo e mostram que a prevalência do VIH nos adultos no país era de 0% em 1984, 2,7% em 1989, 6,2% em 1993, 7,1% em 1997, 7,3% em 2000, 6,6% em 2001 (12) e 2,1% em 2007. Comparando com a taxa de prevalência atual, em 2001 a prevalência do VIH em adultos nas zonas urbanas da Etiópia foi estimada em 13,7%, muito mais elevada do que nas zonas rurais, onde a prevalência do VIH em adultos foi estimada em 3,7% (13). Foram realizados vários estudos nos países da África Subsariana sobre a seroprevalência do VIH entre os doentes com tuberculose, tendo sido comunicadas taxas de seroprevalência superiores a 40% em diferentes países africanos. Estudos realizados no Uganda e no Quénia revelaram que 66% e 30% dos doentes com tuberculose recentemente diagnosticados eram seropositivos, respetivamente (13). Mais de 90 milhões de doentes com tuberculose foram notificados à OMS entre 1980 e 2005; 26,5 milhões de doentes foram notificados por programas DOT entre 1995 e 2005; quase 5 milhões de doentes foram notificados ao abrigo de DOT em 2005, e 10,8 milhões de novos casos de baciloscopia positiva foram registados para tratamento por programas DOT entre 1994 e 2004(7,16)

O DOTs, que está na base da estratégia Stop TB, estava a ser aplicado em 187 países em 2005, 89% da população mundial vivia em áreas onde o DOTS tinha sido implementado pelos serviços de saúde pública (5, 18). O DOTs cobre 90% dos distritos (weredas) na Etiópia, no entanto, a cobertura dos centros de saúde e postos de saúde nucleares era de cerca de 75% (7, 20).O DOTs foi distribuído em todos os distritos da Etiópia e está a ser aplicado em 119 hospitais, 519 centros de saúde e 114 postos de saúde em todo o país. Em Adis Abeba, foi aplicado em 2 hospitais e em 24 centros de saúde (7)

Apesar dos esforços heróicos e bem sucedidos dos programas Dots na África Subsariana, a TB continua a aumentar em países com epidemias significativas de VIH. Muitos dos que trabalham em África acreditam agora que o controlo da TB, a redução da sua incidência, dependia da atenuação do impacto do VIH. (19)

A tuberculose afecta indivíduos de todas as idades e de ambos os sexos, em todos os grupos socioeconómicos da população. No entanto, há grupos que são mais vulneráveis a desenvolver a doença da tuberculose numa determinada comunidade. Foi relatado que a pobreza, a subnutrição, as condições de vida em aglomerações e a infeção pelo VIH aumentam o risco de desenvolver a doença em países pobres como a Etiópia (20). A nível mundial, a prevalência da infeção pelo Mycobacterium tuberculosis era semelhante nos homens e nas mulheres até à idade da adolescência, sendo depois mais elevada nos homens (21). Entre 1990 e 2005, as taxas de incidência de TB triplicaram nos países africanos com elevada prevalência de VIH. Em 2005, estimava-se que a África era responsável por 80% dos casos de TB entre pessoas seropositivas a nível mundial (21). O maior número de casos de TB ocorre na região do Sudeste Asiático, que, em 2005, foi responsável por cerca de 3 milhões de novos casos (um terço do total mundial). Contudo, a incidência per capita estimada na África Subsariana é quase o dobro da do Sudeste Asiático, com cerca de 343 casos por 100 000 habitantes em 2005 (22).

Quadro 2. Estimativa da incidência da TB: países com elevada carga, 2005

País	Todos os casos	Por 100.000 habitantes

Índia	1,852,000	168
China	1,319,000	100
Indonésia	533,000	239
Nigéria	372,000	283
Bangladesh	322,000	227
Paquistão	286,000	181
África do Sul	285,000	600
Etiópia	266,000	344
Filipinas	242,000	291
Quénia	220,000	641
República Democrática do Congo	205,000	356
Fed russo.	170,000	119
Vietname	148,000	175
UR Tanzânia	131,000	342
Brasil	111,000	60
Uganda	106,000	369
Tailândia	91,000	142
Moçambique	89,000	447
Myanmar	86,000	171
Zimbabué	78,000	601
Camboja	71,000	506
Afeganistão	50,000	169
Total mundial	8,811,000	136

Controlo da prevenção da tuberculose, da TB/VIH e da lepra, plano estratégico, FMOH, 2007.

O peso da tuberculose na Etiópia

Atualmente, a Etiópia ocupa o 8.º lugar[th] no mundo, e um dos três primeiros em África, no que diz respeito ao número de doentes com tuberculose. De acordo com os dados estatísticos hospitalares do Ministério da Saúde, a tuberculose é a principal causa de morbilidade, a terceira causa de internamento hospitalar e a primeira causa de morte hospitalar na Etiópia (8, 26).

A Organização Mundial de Saúde estimou o peso da TB na Etiópia, utilizando um modelo baseado numa série de variáveis e parâmetros e utiliza as suas estimativas para calcular as taxas de incidência, prevalência e deteção com um ajustamento para a atual epidemia de VIH (8,27)).

Quadro 3. Caixa: Estimativas da OMS de 2007 para o fardo da tuberculose na Etiópia

número	Taxa/percentagem	Absoluto
População da Etiópia	341 por 100.000	77.000 casos

Taxa de incidência de todas as formas de TB		
Rácio de incidência ou tuberculose com baciloscopia positiva	152 por 100.000	262.570 casos
Prevalência da infeção por tuberculose	546 por 100.000	117 040 casos
Taxa de mortalidade devido à tuberculose	73 por 100.000	420.420 pessoas
VIH entre os doentes com tuberculose	41.0 %	56.210 casos

O DOTS/MDT cobre mais de 90% dos distritos (Weredas) do país. Atualmente, cerca de 100% dos centros de saúde públicos existentes em Adis Abeba estão a aplicar a estratégia DOTS/MDT. No entanto, a cobertura dos centros de saúde nucleares e dos postos de saúde é de cerca de 75 % (7,33)

Os relatórios sobre as actividades de controlo são apresentados trimestralmente por todas as regiões e conselhos administrativos municipais, utilizando formatos normalizados de relatórios trimestrais. Do total de casos notificados em 2005/06 (1998 CE), 120 163 (97,7%) eram novos casos. Do total de novos casos, 36 674 (29,8%) eram casos de baciloscopia pulmonar positiva (30)

A atual epidemia de VIH é um importante fator que contribui para o aumento do número de casos, especialmente quando se observa o aumento desproporcional de casos pulmonares e extra-pulmonares com baciloscopia negativa.

Quadro 4. Panorâmica de oito anos da notificação de casos de TB na Etiópia, 1992-1999E.C. (Dados TBL, TLCT e FMOH)

Ano (E.C)	Total de novos casos	Esfregaço positivo	%	Esfregaço negativo	%	EPTB	%	Taxa de notificação de casos por 100.000 habitantes	
								Esfregaço positivo	Todos os formulários
1999/2000	83,334	26,459	32	30,333	36	26,542	31	42	131
2000/01	90,729	32,423	36	28,994	32	29,312	32	50	139
2001/02	105,250	35,915	34	32,197	31	37,138	35	53	157
2002/03	108,488	37,014	34	32,656	30	38,818	36	54	157
2003/04	121,026	41,430	34	37,119	31	42,477	35	59	173
2004/05	123,090	38,800	31	40,269	33	44,021	36	53	169
2005/06	120,163	36,674	31	40,234	33	43,255	36	49	160
2006/07	125,552	37,645	30	42,882	34	45,045	36	49	163

Plano estratégico 2007/8-2009/10, Programa de Controlo da Tuberculose e da Lepra, TLCT, FMOH, Etiópia

1.2. Revisão da literatura

Globalmente, 9% (7%-12%) de todos os novos casos de TB em adultos (com idades entre os 15 e os 49 anos) eram atribuíveis à infeção pelo VIH (5,33), mas a proporção era muito maior na região africana da OMS (31%) e em alguns países industrializados, nomeadamente os Estados Unidos (26%). Estima-se que tenham ocorrido 1,8 milhões de mortes por tuberculose, das quais 12% (226 000) foram atribuídas ao VIH (33). A tuberculose foi a causa de 11% de todas as mortes de adultos por SIDA na Ásia. A prevalência da confeção tuberculose-HIV em adultos foi de 36% (11 milhões de pessoas). As taxas de prevalência da co-infeção eram iguais ou superiores a 5% em 8 países africanos. Só na África do Sul, havia 2 milhões de adultos co-infectados (7, 34). A prevalência do VIH na população em geral, em função do sexo e da idade, atinge o seu máximo nas mulheres entre os 15 e os 24 anos e nos homens entre os 29 e os 35 anos (35). Vários estudos realizados na África Subsariana revelam padrões de prevalência semelhantes em termos de idade e sexo.

Um estudo realizado na Tanzânia entre casos de tuberculose com baciloscopia positiva revelou uma prevalência significativamente mais elevada de VIH nas mulheres do que nos homens no grupo etário dos 15 aos 24 anos (27). Noutro estudo, a prevalência da infeção pelo VIH entre 346 doentes com tuberculose em Lusaca, na Zâmbia, revelou que 74% das mulheres no grupo etário dos 14 aos 24 anos eram mulheres, em comparação com 48% dos homens do mesmo grupo etário (30). Isto mostra provavelmente que as mulheres iniciam as relações sexuais relativamente mais cedo do que os homens ou que são vulneráveis ao VIH. Estudos realizados em países da África Subsariana revelaram que as pessoas infectadas com mycobacterium tuberculosis e com VIH tinham 30 a 50 vezes mais probabilidades de desenvolver tuberculose ativa do que as pessoas sem VIH (17,36). Em 1990, estimava-se que o VIH contribuía com 4% do total de casos de tuberculose (ou seja, 3 000 000) no mundo e esta estimativa pode aumentar para 14% (ou seja, 1,4 milhões de casos por ano) até ao ano 2000, se tanto o VIH como a tuberculose não forem combatidos eficazmente (25, 36). Recentemente, a OMS apresentou estimativas alarmantes da tuberculose relacionada com o VIH nos países em desenvolvimento, onde a tuberculose é agora reconhecida como uma das doenças oportunistas mais comuns entre as pessoas seropositivas para o VIH (18, 30).

1.3. Justificação do estudo

O fardo do VIH está a aumentar nos doentes com TB e a TB está a ser reconhecida com cada vez mais frequência nas pessoas que vivem com VIH/SIDA em Adis Abeba. Apesar da epidemia progressiva de infeção pelo VIH em todo o país, faltam dados actuais sobre a co-infeção VIH/TB. Assim, este estudo será realizado para avaliar a prevalência da infeção pelo VIH entre os clientes DOTS em Adis Abeba(8).

Em Adis Abeba, a magnitude da tuberculose está sempre a aumentar, apesar dos progressos realizados na implementação do DOTS e nos programas de controlo. É muito provável que estes números aumentem significativamente devido à propagação da infeção pelo VIH na capital. No entanto, foram realizados poucos estudos que descrevessem a associação entre a tuberculose e a co-infeção por VIH. Além disso, esses estudos anteriores foram realizados em pequenas cidades/bairros com menor prevalência de VIH/SIDA do que a atual área de estudo. Além disso, ocorreram alterações na prevalência do VIH em adultos durante o ano de 2006/2007 que poderão ter de ser comprovadas por este estudo de prevalência. Por conseguinte, este estudo foi realizado para determinar a prevalência atual do VIH entre os doentes com TB e também para tentar explorar os factores de risco associados à infeção pelo VIH e a apresentação clínica entre os doentes com TB registados em Adis Abeba. Por último, pretende-se apresentar recomendações para que os organismos responsáveis possam conceber estratégias de prevenção e controlo integradas e adequadas.

CAPÍTULO 2. OBJECTIVO

2.1 Objetivo geral

Avaliar a prevalência da infeção pelo vírus da imunodeficiência humana (VIH/SIDA) e os factores de risco associados entre os doentes com TB nas clínicas DOTS de Adis Abeba.

2.2 Objetivo específico

> Avaliar a seroprevalência do VIH entre os clientes DOTS
> Avaliar os factores associados à co-infeção VIH-TB.
> Avaliar as características clínicas dos doentes com TB seropositivos

CAPÍTULO 3. MÉTODOS E MATERIAIS

3.1 Conceção do estudo

Avaliação transversal baseada numa instituição sobre a prevalência do VIH entre clientes DOTS em Addis Abeba.

3.2 Área de estudo

A área de estudo da região administrativa de Adis Abeba, capital da Etiópia, tem uma área de 540 km2, com uma população total de 3,2 milhões de habitantes e uma densidade populacional de 5860 Km^2 . A região administrativa tem 10 subcidades e 99 kebelles (26). Existem muitos grupos étnicos diferentes com diferentes níveis de vida. De acordo com os indicadores de saúde e relacionados com a saúde de 2005/6, existiam 27 hospitais, dos quais 11 eram propriedade do Estado, 29 centros de saúde, dos quais 24 eram propriedade do Estado, e 130 postos de saúde na região administrativa de Adis Abeba (24). Todos os 24 centros de saúde e os dois hospitais públicos dispõem de clínicas DOT e de serviços PICT.

3.3 Fonte e população do estudo

A população de origem foi constituída por todos os doentes com TB em Adis Abeba A população estudada foi constituída por clientes DOTS em Adis Abeba.

3.4 Dimensão da amostra e processo de amostragem

Em Adis Abeba, existem 2 hospitais públicos (Força Armada Generalizada e Força Policial) e 24 centros de saúde públicos que prestam serviços DOTS, tendo o estudo sido efectuado nestas instituições.

A dimensão da amostra foi calculada através da seguinte fórmula

$$n = \frac{Z^2 P(1-P)}{d^2}$$

Quando n = Tamanho da amostra

d = Erro admissível

P = prevalência do VIH entre a população de doentes com tuberculose de Adis Abeba =44%, assumindo que a prevalência esperada do VIH entre os doentes com tuberculose em Adis Abeba era a mesma que a do estudo realizado em Shashemene (29, 30).

Q = 1-Proporção (Residentes de Adis Abeba que não são seropositivos)

Assim, com um intervalo de confiança de 95% e uma precisão de 5%, a dimensão total da amostra é igual a

$$n= \frac{(1.96)^2 \times 0.44(1-0.44)}{(0.05)^2} = \frac{(3.8416) \times 0.44 \times 0.56}{0.0025}$$

$$= 378.6 \sim \mathbf{379}$$

Foram acrescentados 10% adicionais para a taxa de não resposta e possível absentismo ao valor acima referido e a dimensão total da amostra foi: 379+38= **417** Clientes DOTS.

Um número igual de indivíduos do estudo foi recrutado em todas as 26 clínicas públicas de DOTs. Foram seleccionados cerca de 16 indivíduos de entre os clientes registados de cada clínica DOT, utilizando a técnica de amostragem sistémica. Uma das 26 clínicas DOT pode ter a possibilidade de recrutar 17 clientes com TB, que serão seleccionados por método de sorteio entre as 26 clínicas DOT

3.5 Variáveis do estudo

As variáveis dependentes para este estudo foram o estado de seroprevalência (VIH positivo, VIH negativo).

As variáveis independentes foram variáveis sociodemográficas (idade, sexo, residência, religião, etnia), variáveis socioeconómicas (profissão, estado civil), sintomas clínicos (febre, perda de peso e tosse), sinais clínicos (linfadenopatia, candidíase oral, herpes zoster e prurido corporal generalizado), comportamentos de risco para o VIH/SIDA (múltiplos parceiros sexuais, parceiros sexuais comerciais, utilização de preservativos e antecedentes de doenças sexualmente transmissíveis).

3.6 Definição operacional

Doentes VIH positivos: - Um doente com tuberculose que foi submetido a uma análise para deteção de anticorpos contra o VIH no sangue, tendo-se verificado que os anticorpos contra o VIH estavam presentes no sangue analisado.

Doentes VIH negativos: - Doentes com tuberculose que foram submetidos a análises para deteção de anticorpos contra o VIH no sangue, tendo-se verificado que os anticorpos contra o VIH não estavam presentes no sangue analisado.

Prevalência do VIH: - é a proporção de infeção por VIH entre os doentes de tuberculose testados para o VIH. Por exemplo, se mil camionistas, por exemplo, forem testados para o VIH e 30 deles forem positivos, então o resultado de um estudo pode dizer que a prevalência do VIH entre os camionistas é de 3%.

Sintomas clínicos:-sinais clínicos ou apresentação de sintomas nos doentes com TB, como tosse, febre, perda de peso, etc.

Comportamento de risco: é qualquer ato comportamental que conduza a problemas sociais e de saúde, como actividades sexuais desprotegidas, abuso de substâncias, etc.

Parceiros sexuais múltiplos: - Uma pessoa tem mais de dois parceiros para qualquer ato sexual, o que constitui um fator de risco para a transmissão do VIH.

DST: - uma doença sexualmente transmissível, é uma doença que tem uma probabilidade significativa de transmissão entre humanos através do contacto sexual.

3.7 Recolha de dados

Os dados foram recolhidos através de um questionário estruturado, concebido para recolher dados relevantes sobre a prevalência do VIH/SIDA entre os doentes com tuberculose na clínica DOTS em clínicas e hospitais governamentais da região administrativa da cidade de Adis Abeba.

O questionário padrão adotado incluiu todas as perguntas relevantes que abordam a prevalência do VIH entre os clientes do DOTS relativamente ao VIH/SIDA e ao ATV. Os clientes que se dispuseram a participar no estudo passaram pelo aconselhamento pré e pós-teste já em curso e foram voluntariamente testados para o VIH de acordo com as directrizes do PICT. A despistagem voluntária de rotina do VIH para os doentes com TB em cada clínica DOTS foi realizada de acordo com as directrizes nacionais para o aconselhamento e despistagem do VIH na Etiópia por pessoal de saúde PICT com formação. De acordo com as directrizes nacionais para a despistagem do VIH, a despistagem serológica foi realizada utilizando o algoritmo nacional de despistagem do VIH e a despistagem do VIH realizada foi o ELISA (ensaio imunoenzimático) nas clínicas DOTS.

Os dados foram recolhidos por um dia de formação em recolha de dados (entrevistador), de 15 de setembro a 30 de setembro de 2007, utilizando um questionário normalizado. A recolha de dados foi realizada por 10 colectores de dados (entrevistadores) durante 15 dias consecutivos, que eram enfermeiros clínicos com formação em VCT ou PICT, e as informações clínicas foram recolhidas por enfermeiros clínicos ou médicos com formação em DOTS. Escolhi os enfermeiros clínicos com formação como enumeradores clínicos, partindo do princípio e compreendendo que tinham formação para identificar os sintomas das doenças oportunistas do VIH, que estavam indicados na lista de controlo.

O investigador foi designado para os colectores de dados, a fim de controlar o seu desempenho. Foi dada uma formação de um dia aos colectores de dados para se familiarizarem com a técnica de recolha de dados e para garantir a confidencialidade da informação.

Após a formação, o pré-teste e a normalização do questionário foram efectuados em algumas das clínicas DOTS na região de Oromya.

Depois da correção e normalização necessárias do questionário, o processo de recolha de dados foi iniciado conforme previsto.

Durante o processo de recolha de dados, os doentes com TB registados nas clínicas DOTS foram os inquiridos responsáveis. O inquirido foi selecionado através de uma técnica de amostragem sistemática entre os clientes DOTS registados nos centros de saúde e hospitais governamentais de

Adis Abeba, que foram claramente informados sobre o objetivo do estudo e outras informações relevantes.

3.7.1   Garantia da qualidade dos dados

Os questionários foram cuidadosamente concebidos e pré-testados em doentes que não foram incluídos no estudo. Os dados recolhidos foram verificados diariamente pelos supervisores e pelo investigador principal quanto à sua exaustividade, exatidão, clareza e coerência. Foram feitas correcções adequadas a qualquer erro, ambiguidade ou incompletude nos dias seguintes, antes de iniciar as actividades do dia seguinte.

3.8 Entrada e análise de dados

Os dados recolhidos foram introduzidos no computador e analisados utilizando os pacotes estatísticos SPSS versão 13. Foram calculadas diferentes taxas e proporções e associações relevantes. Utilizou-se o odds ratio com intervalos de confiança para avaliar a presença e o grau de associação entre o estado serológico do VIH e os seus determinantes. O valor de P de 0,05 foi estabelecido como ponto de corte para a significância da associação entre as variáveis dependentes e independentes. A regressão logística foi utilizada para controlar as variáveis de confusão.

3.9 Preocupações éticas

Foi obtida autorização ética do Gabinete de Investigação e Publicação da Universidade de Gondar. Foi também obtida uma carta de apoio do Ministério Federal da Saúde e do Gabinete de Saúde de Adis Abeba para as instituições de saúde governamentais da região de Adis Abeba. Foram dadas explicações completas sobre o objetivo do estudo aos funcionários e directores dos hospitais e centros de saúde seleccionados para o estudo. Foi obtida autorização dos centros de saúde e hospitais governamentais para administrar o questionário aos doentes de TB seleccionados nas áreas das unidades de amostragem (clínicas DOT).

O objetivo do estudo foi explicado aos participantes e foi também obtido o consentimento informado. Para os participantes com 16 e 17 anos, o consentimento foi obtido dos seus tutores em seu nome. Foi prestado aconselhamento pré e pós-teste aos participantes do estudo antes e depois da despistagem voluntária do VIH por profissionais de saúde PICT (aconselhamento e despistagem iniciados pelo prestador) com formação. O teste de VIH voluntário de rotina para os doentes com TB em cada clínica DOTS foi efectuado de acordo com as directrizes nacionais para o aconselhamento e teste do VIH na Etiópia por pessoal de saúde PICT com formação. Além disso, todos os inquiridos responderam voluntariamente ao questionário; o seu anonimato foi garantido e tiveram também a possibilidade de abandonar o questionário sem responder

CAPÍTULO 4. RESULTADOS

4.1 Descrição dos participantes no estudo

Durante o período do estudo, um total de 5688 doentes com tuberculose de todas as formas foram registados e estavam a ser tratados nas clínicas públicas de Addis Abeba. Destes, um total de 417 doentes foram incluídos no estudo. Todos os participantes completaram a entrevista e foram colhidas 370 amostras de sangue para o teste do VIH em todos os locais de estudo, de clientes voluntários, o que corresponde a uma taxa de resposta de 89%.

Entre estes, 220 (52,6%) eram do sexo masculino e 197 (47,4%) do sexo feminino, o que faz com que o rácio entre homens e mulheres seja quase de 1:1 (Quadro 5)

A idade média (+DP) dos inquiridos inscritos no estudo foi de 30,1 anos. Na faixa etária de 16-84 anos. Todos os participantes no estudo, 417 (100%), eram residentes em Adis Abeba.

Relativamente ao casamento, a maioria 203 (48,7%) era casada, 150 (35,9%) nunca casaram, 32 (7,6%) eram divorciados, 16 (3,87) eram viúvos e 12 (2,9%) eram separados.

Relativamente ao nível de escolaridade, 42 (10,1%) eram analfabetos, 44 (10,6%) apenas sabiam ler e escrever, 104 (24,9%) tinham um nível de escolaridade entre o 1º e o 6º ano e 255 (61%) tinham um nível de escolaridade igual ou superior ao 7º ano.

Em termos étnicos, 201 (48%) dos participantes no estudo eram Amhara, seguidos dos Oromo, que eram 87 (20,9%)

A maioria dos participantes no estudo 269 (64,9%) eram seguidores da religião ortodoxa, enquanto 60 (14%) eram muçulmanos e 38 (9,1%) eram protestantes.

Relativamente à ocupação, 151 (36%) eram trabalhadores diários, 81 (19,42%) donas de casa, 59 (14%) estudantes, 42 (10%) comerciantes e 25 (6%) eram polícias e soldados.

A prevalência global do VIH entre os doentes com tuberculose registados que foram incluídos no estudo foi de 136 (33%). A idade média (+DP) dos doentes com tuberculose seropositivos era de 32,4 (+9,1) anos, com idades compreendidas entre os 16 e os 84 anos. Destes, a idade média dos homens seropositivos era de 33,57 anos, enquanto a das mulheres era de 31,5 anos e ambos os sexos tinham idades semelhantes (16-84 anos).

A maioria dos doentes seropositivos do objeto de estudo situava-se no grupo etário dos 30-39 anos. Relativamente à composição por sexo dos casos seropositivos para o VIH, 49,3% dos homens eram seropositivos, enquanto os valores correspondentes para as mulheres eram de 50,7%.

Entre os seropositivos, 77 (39,5%) dos participantes no estudo eram casados, 31 (21,2%) nunca se casaram e 23 (71,9%) eram divorciados.

Relativamente à religião, 17 (12,4%) dos doentes muçulmanos com TB e 104 (76,2%) dos doentes ortodoxos com TB eram seropositivos.

Em termos étnicos, 24 (17,2%) dos Oromos e 72 (52,3%) dos Amharas eram seropositivos para o VIH.

Relativamente à ocupação, 48 (35%) dos trabalhadores diários dos doentes com TB, 35 (25%) donas de casa, 16 (11,7%) comerciantes e 16 (11,7%) funcionários públicos, e 10 (7%) estudantes. 5 (3,6%) soldados e 3 (2%) polícias eram seropositivos para o VIH e, por último, o menor número de casos foi registado consecutivamente nos agricultores (2) e nas prostitutas (1).

Relativamente à escolaridade, 42 (10,9%) dos analfabetos, 104 (24,9%) dos doentes cujo nível de escolaridade se situa entre o 1º e o 6º ano e 198 (48,1%) dos doentes com TB cujo nível de escolaridade se situa entre o 7º e o 12º ano e com diploma ou superior, 54 (13%) eram seropositivos para o VIH.

Quadro 5. Características sócio-demográficas dos participantes no estudo, em Adis Abeba 2007 n=417

Características		Número	Percentagem
Sexo	Masculino	220	52.8
	Feminino	197	47.2
Idade	15-19 anos	26	6.3
	20-29	182	43.3
	30-39	115	27.6
	>40	93	22.3
Etnia	Amara	201	48
	Oromo	87	20
	Gurage	78	18
	Tigre	33	8
Religião	Ortodoxo	308	74
	Muçulmano	67	16
	Protestante	38	9
Ocupação	Trabalhador diário	151	36
	Mulher doméstica	81	19
	Estudante	59	14
	Comerciante	42	10
	Soldados	13	3
	Polícias	12	2.8
	Agricultor	8	2
	Sexo comercial	5	1.2

Educação	Analfabeto	42	10
	Apenas leitura e escrita	44	10.6
	1-6 anos	104	25
	7-12	198	47.5
	Diploma	35	8.4
	>Diploma	19	4.6
Estado civil	Nunca casou	146	34.8
	Atualmente casado	195	46.5
	Separados	12	2.9
	Divorciado	32	7.6
	O parceiro morreu	32	3.8

4.2 Locais de estudo ou instituições de saúde que participaram no estudo em Adis Abeba.

Das 26 Clínicas Dots, 385 (92%) inquiridos pertenciam a 24 centros de saúde públicos e 32 (8%) inquiridos pertenciam a hospitais do exército generalizado e da polícia.

A prevalência de seropositivos para o VIH entre os participantes no estudo varia em função do número total de casos por instituto de saúde em estudo. De acordo com a tabela 6, a proporção mais elevada foi encontrada nos centros de saúde de Yeka e Lideta, consecutivamente 12 e 8 seropositivos em 16 inquiridos, e a taxa de prevalência mais baixa foi encontrada em dois centros de saúde (Wereda 13 e Wereda 19) com apenas um seropositivo em 16 indivíduos.

Tabela 6:- Distribuição da população do estudo por local de estudo nas clínicas públicas de DOT de Adis Abeba, 2007.

	Nome do HF	Estado serológico do pt n=417			Total n=417
		Positivo n=136	Negativo n=234	Não testado n=47	
1	Addis ketema HC	2(12.5%)	14(87.5%)		16
2	Akaki HC	7(41.2%)	6(35.3%)	4(23.5%)	17
3	AradaHC	4(25.0%)	10(62.5%)	2(12.5%)	16
4	Hospital do Exército	5(31.3%)	7(43.8%)	4(25.0%)	16
5	Beata Hc	7(43.8%)	8(50.0%)	1 (6.3%)	16
6	Bole HC	2(12.5%)	13(81.3%	16.3%)	16
7	GuelleHC	7(43.8%)	4(25.0%)	5(31.3%)	16

8	Kality HC	5(31.3%)	11 (68.8%)		16
9	Kazanchi HC	5(31.3%)	7(43.8%)	4(25.0%)	16
10	KirkosHC	9(56.3%)	7(43.8%)		16
11	Kolfe HC	6(37.5%)	10(62.5%)		16
12	Kotebe HC	4(25.0%)	12(75.0%)		16
13	LidetaHC	8(50.0%)	6(37.5%)	2(12.5%)	16
14	Meshauleka HC	2(12.5%)	14(87.5%)		16
15	Hospital da Polícia	5(31.3%)	10(62.5%)	1 (6.3%)	16
16	Selam HC	3(18.8%)	13(81.3%)		16
17	Shiro Meda HC	7(43.8%)	9(56.3%)		16
18	Tekle Hy	7(43.8%)	9(56.3%)		16
19	Wereda 4 HC	4(25.0%)	11 (68.8%)	1 (6.3%)	16
20	Wereda 7 HC	9(56.3%)	7(43.8%)		16
21	Wereda 13 HC	1 (6.3%)	10(62.5%)	5(6.3%)	16
22	Wereda 19 HC	1 (6.3%)	5(31.3%)	10(62.5%)	16
23	Wereda 23 HC	4(25.0%)	5(31.3%)	7(43.8%)	16
24	Wereda 24 HC	6(37.5%)	10(62.5%)		16
25	Yeka HC	12(75.0%)	4(25.0%)		16
26	Entoto HC	4(25.0%)	12(75.0%)		16
Total	26	136(32.6%)	234(56.1%)	47(11.3%)	417

Quadro 7 Distribuição do sexo dos participantes no estudo em Adis Abeba, 2007.

n=417	Tabela de frequências		Estado serológico
Masculino	220	52.80%	67(16%)
feminino	197	47.20%	69(16.5%)
Total	417	100%	136(32.5 %)

Quadro 8: Distribuição do estado serológico entre os pacientes em acompanhamento DOTS nas instituições de saúde seleccionadas em Adis Abeba, 2007.

n=417	Estado serológico	
	Frequência	

	Positivo	136	33%
	Negativo	234	56%
	Não testado	47	11%

Tabela 9. Estado serológico e tipo de TB entre os doentes de TB na clínica DOTs, Adis Abeba, 2007.

Estado serológico	Tipo de paciente			n=417		
	novo caso	recaída	Inadimplente	não especificado		Total
Positivo	107	23	2	4		136
Negativo	204	20	3	6		233
Não testado	42	4	0	1		47
Total	353	47	5	11		416

Quadro 10a: Estado serológico do VIH de acordo com o grupo etário e o sexo entre os utentes de DOT em Adis Abeba, 2007.

Sexo	n=417	Grupo etário				Total
		15-19	20-29	30-39	>40	
Masculino	positivo	1	9	28	29	67
	negativo	12	62	30	26	130
	não testado	0	7	7	9	23
Feminino	positivo	1	33	20	15	69
	negativo	10	57	24	13	104
	não testado	3	14	6	1	24
Total		40	92	125	93	417

Quadro 10b: Prevalência do VIH entre os doentes com TB, segundo a idade e o sexo, em Adis Abeba, 2007.

Idade (anos)	Masculino N=220		Feminino N=197	
	Total testado	VIH positivo	Total testado	VIH positivo
15-19	12	0	11	1
20-29	71	9	88	33
30-39	58	28	44	20
>40	54	29	28	15
Total	195	66	171'	69

Quadro 11. Estado serológico do VIH entre doentes de TB casados e solteiros em Adis Abeba,

2007.

Estado serológico e estado civil			
que são casados ou não			
n=417	sim	não	total
positivo	87	49	136
negativo	101	133	234
não testado	15	32	47
			417

Quadro 12: Seropositividade ao VIH de acordo com o nível de instrução dos doentes com TB em Adis Abeba, 2007.

Estado serológico e nível de ensino mais elevado					
n=417	ler e escrever	Grau 1-6	Grau 7-12	diploma	>Diploma	Total
Positivo	22	37	60	10	1	130
negativo	18	59	112	22	13	224
não testado	4	8	26	3	5	46
Total	44	104	198	35	19	400

Nota: - Os restantes 17 são totalmente analfabetos

A prevalência da infeção pelo VIH nas diferentes categorias de diagnóstico dos doentes com tuberculose é apresentada na Tabela 13. A prevalência do VIH foi de 37 (27%) nos positivos bacilares, 31 (22,7%) nos bacilares e 48 (35%) nos doentes com tuberculose extra-pulmonar. A informação sobre a extensão da identificação radiológica inicial (raio-X) estava disponível para apenas 45 (33%) dos 107 doentes com TB eram casos positivos para o VIH.

Em 6 (37,50%) dos 16 doentes seropositivos, a anamnese não revelou qualquer fator de risco. Os factores de risco reconhecidos para a co-infeção por VIH e tuberculose nestes casos foram: a) relações sexuais heterossexuais com múltiplos parceiros, b) utilização abusiva de preservativos e c) presença de doenças sexualmente transmissíveis concomitantes.

Tabela 13. Prevalência do sero VIH entre os doentes com TB, de acordo com as categorias de diagnóstico, em Adis Abeba, 2007.

Características	Masculino N=220		Feminino N=197	
	Total testado	VIH positivo	Total testado	VIH positivo
Bacilar positivo	106	17	81	20
Bacilar negativo	106	18	81	13
Radiografia	56	20	52	25
Biópsia	34	11	39	11

	1	1	0	0
Outros (divulgados)	1	1	0	0
Extra pulmonar	75	26	66	22
Total	220	67	197	69

4.3 A idade média dos doentes com TB e o seu estatuto serológico para o VIH

A idade média dos inquiridos inscritos no estudo era de 32,4+9,1 anos. Dos 237 homens inquiridos, a idade média dos seropositivos para o VIH era de 34+8,7 anos e a das mulheres de 30,2+9,4 anos. A faixa etária dos homens era de 15-79 anos e a das mulheres de 15-58 anos. Destes, a faixa etária dos homens seropositivos era de 15-58 anos e a das mulheres de 15-58 anos (Quadro 3)

Quadro 14. Idade média dos doentes com tuberculose e estatuto de VIH, em Addis Abeba, 2007

Personagens	VIH positivo n=136		VIH negativo n=234	
	Idade média	gama	Idade média	Gama
Masculino	34	16-84	35	15-79
Feminino	30.2	19-58	30	15-58
Total	32	19-58	32.5	15-79

A fim de conhecer o efeito independente de uma variável específica, foi efectuada uma regressão logística utilizando o pacote estatístico SPSS.

A Tabela 7 mostra que 67 (16%) dos homens eram seropositivos para o VIH, em comparação com 69 (16,5%) das mulheres, mas não foi observada qualquer significância estatística após o controlo da idade (OR=1,80, 95% CZ: 0,71, 1,64P>0,05).

48 (11%) do grupo etário entre os 30-39 anos eram seropositivos para o VIH, em comparação com 42 (17,9%) dos doentes com idades entre os 20-29 anos, tendo sido observada uma significância estatística após a consideração do sexo (OR=5,69%, 95% IC: 2,74, 11,96P<0,05). 44 O estado serológico positivo para os grupos etários com quarenta anos ou mais foi negativamente associado após o ajuste para o sexo (OR= 0,504, 95% CI: 0,284, 0,84, e 0,891). O estado civil dos doentes com TB foi dividido em duas categorias: sempre casados (atualmente casados, divorciados, separados e parceiro falecido) e nunca casados (solteiros). Dos 125 doentes com TB, 50 (11%) eram casados e eram seropositivos, em comparação com 86 (19%) dos 245 doentes com TB, que eram seropositivos e nunca tinham casado, o que indica claramente que havia uma associação significativa entre o estado civil e o seropositivo para o VIH (OR=2,42 95% CI: 1,44, 407 P<0,05).

15 (3,5%) doentes de TB divorciados, 17 (4%) doentes de TB viúvos e 17 (4%) doentes de TB separados mostraram uma forte associação com a seroprevalência do VIH. Relativamente à etnia, 72 (17%) dos Amharas eram seropositivos para o VIH, em comparação com 24 (5,7%) dos Oromos e 21 (5%) dos Gurage. A associação manteve-se mesmo após o ajustamento para a religião, a educação e a profissão. No que se refere à ocupação, ser trabalhador diário, militar e comerciante

foi significativamente associado ao VIH seropositivo.

Em termos de educação, dos 333 doentes com tuberculose que frequentaram a escola, 120 (32%) eram seropositivos em comparação com 16 (3,8%) dos doentes com tuberculose analfabetos e verificou-se que a educação estava fortemente associada a seropositividade para o VIH (OR=3,11, 95% CI: 1,91,5,08P<0,05).

Tabela 15. Variáveis sócio-demográficas avaliadas quanto à possível associação com o estado serológico do VIH entre os doentes com tuberculose em Adis Abeba, 2007

N=417		Estado de VIH positivo (%) n=136	Negativo (%) n=234	OR bruto (IC95%)	OR ajustado (IC95%)
Sexo	Masculino	67	13 0	1.00*	1.00*
	Feminino	69	10 4	0.93 (0.61,1.14)	1.16(0.67,2.00)
Idade Ano	15-19	1	22	1.00*	1.00*
	20-29	42	119	2.1 2 (1.02,4.43)	2.87(1.38,5.93)
	30-39	48	54	5.69 (2.74,11.96)	1.35 (0.16,2.39)
	>40	44	39	2.87(1.31,6.35)	0.504(0.28,0.89)
Ocupação	Agricultor	2	3	1*	1.00*
	Estudante	10	38	0.46(0.18,1.11)	2.43(0.14,41.1)
	Mulher doméstica	35	37	2.14(1.15,4.02)	6.04 (0.33,111.4)
	Trabalhadores diários	48	90	6.50(2.97,14.37)	1.72 (0.10,28.95)
	Soldados	5	8	6.88 (1.00,58.03)	0.61(0.03,10.61)
	Comerciantes	16	23	8.35(2.85,25.34)	0.54(002,14.69)
	Funcionário público	5	41	3.44(0.00,131.53)	0.62(0.03,11.74)
	Prostituta	1	4	6.59(2.68,16.48)	0.007(0.00,24E+.9)
Educação	Analfabeto	16	21	1*	1.00*
	Alfabetizado	130	224	4.09(1.54,10.96)	0.25(0.15,0.43)
Estado civil	Nunca casou	86	159	1*	1.00
	Casado	50	75	2.42(1.44,407)	0.352.19,0.65)

4.4 Sinais e sintomas clínicos dos doentes com TB e o seu estado de VIH

Relativamente aos sinais e sintomas clínicos dos doentes com tuberculose incluídos no estudo, a maioria 308 (73,9%) tinha história de febre, 88 (21%) tinham diarreia, 326 (78%) tinham tosse, 201 (86,4%) tinham perda de peso. 90 (12%) tinham linfadenopatia, 75 (18%) e prurido corporal generalizado, 50 (12%) tinham cicatriz de zoster, 129 (30,9%) tinham quaisquer achados neurológicos e 66 (15,8%) tinham candidíase oral.

Em relação ao seu estado de VIH, 120 (38,5%) dos doentes tinham febre. 114 (38,1%) dos doentes tinham tosse. 138 (38,1%) dos doentes tiveram perda de peso. 54 (69,5%) dos doentes apresentavam diarreia, 63 (44%) dos doentes apresentavam achados neurológicos, 42 (48%) dos doentes apresentavam linfadenopatia, 50 (61,7%) dos doentes apresentavam prurido corporal generalizado e 39 (88,5%) dos doentes com cicatriz de Harps Zoster eram seropositivos para o VIH, 50 tinham candidíase oral e 107 tinham perdido peso corporal (Tabela 5).

Os seropositivos para o VIH foram significativamente associados a tosse (OR=1,483 p<0,05), perda de peso corporal (OR=3,281), linfadenopatia (OR=2,103), diarreia (OR=4.85%) IC: 2,58 9,21 P<0,05), achados neurológicos (OR=2,723, IC 95%: 1,12, 2,59), prurido corporal generalizado (OR=6,977, IC 95%) e cicatriz de zoster (OR=10,156, IC 95%)

Quadro 16: Alguns dados clínicos sobre os doentes com tuberculose e o seu estatuto de VIH em Adis Abeba 2007

Características N=417		Estado de VIH positivo n=136	Negativo n=281	OR (IC 95%)
Febre	Sim	120	161	1.721(0.82,3.85)
	Não	16	73	
Diarreia	Sim	54	28	4.85(2.58,9.21)
	Não	82	206	
tosse	Sim	114	183	1.21(0.70,2.08)
	Não	21	50	
Achados neurológicos	Sim	63	58	1.70(1.12,2.59)
	Não	69	173	
Linofadenopatia	Presente	42	41)	1.66(0.88,3.12)
	Ausente	94	193	
Comichão generalizada	Presente	50	18	3.53(2.07,6.03)
	Ausente	86	216	
Cicatriz de zoster de Harps	Presente	39	9	14.99(4.18,63.88)
	Ausente	96	225	
Perda de peso	Presente	107	123	1.03 (0.46, 2.3 1)
	Ausente	8	51	
Candidíase oral	atual	50	13	
	Ausente	86	220	

4.5 A associação entre os locais de infeção de doentes com TB por mycobacterium tuberculosis e o seu estado de VIH.

Relativamente aos órgãos envolvidos, a maioria 218(60%) tinha infeção pulmonar, enquanto os restantes 141(39%) tinham envolvimento extra-pulmonar 4(0,9%) tinham envolvimento disseminado da TB. Dos doentes que apresentavam infeção extra-pulmonar, a maioria, 50 (18%), era linfadenite tuberculosa.

Em relação ao seu estatuto serológico para o VIH, 42 (30%) dos linfadenitas com TB eram seropositivos para o VIH. 84 (61%) dos casos de origem pulmonar eram seropositivos para o VIH, em comparação com 48 (35%) dos casos de origem extra-pulmonar; observou-se uma prevalência mais elevada entre a TB linfadenite e a tuberculose extra-pulmonar. Observou-se uma associação significativa mesmo após o ajuste para a idade e o sexo.

Quadro 17: Associação entre os locais de infeção por tuberculose e os seropositivos para o VIH/SIDA, Adis Abeba, 2007

n=417

Características	Estado do VIH			OR (IC95%)
	Positivo	Negativo	Não testado	
Pulmonar	84	133	23	1*
Nódulo linfático	29	46	8	1.11 (0.54,2.24)
osso	0	5	0	
Intestino	1	0	1	0.22 (0.03,1.05)
Plural	14	32	13	0.52 (0.07,2.9)
Gonadal	1	0	0	

4.6 A associação entre os doentes com TB pulmonar e o seu estatuto de VIH através do resultado da expetoração e dos resultados da radiografia torácica.

Relativamente ao resultado da expetoração dos doentes com tuberculose pulmonar, 68 (50%) eram positivos, enquanto 119 (51%) eram negativos.

Quadro 18a. Estado serológico e resultados de diagnóstico entre os doentes com TB em Adis Abeba, 2007.

n=417

	positivo	negativo	Total
AFB	68	119	187
Radiografia	44	63	107

biópsia	22	51	73
Disseminado	2	2	4
Outros	1	0	1
Total	136	234	370

Verificou-se uma elevada taxa de prevalência de anticorpos contra o VIH entre os doentes pulmonares com baciloscopia positiva 37 (27,3%) do que entre os doentes com baciloscopia negativa 31 (22,5%) e observou-se um significado estatístico entre os doentes com tuberculose pulmonar com baciloscopia negativa e seropositivos para o VIH. (OR=2,31, 95% CI: 1,44, 3,7 P<0,05) de 107 (29%) radiografias de tórax relatadas por radiologistas, 21 (19,6%), 35 (25,7%), 21 (19,6%) mostraram envolvimento do lobo superior, lobo médio e inferior e infiltração das cavidades da TB pulmonar, respetivamente.

Em relação ao estatuto VIH, 9 (20%) dos doentes com tuberculose com envolvimento do lobo superior eram VIH positivos, enquanto 16 (36,3%) e 9 (20%) dos doentes com lobo médio e inferior e cavitações pulmonares, respetivamente, eram VIH positivos.

Quadro 18b: Associação entre a tuberculose pulmonar e o estatuto de seropositividade para o VIH, segundo o resultado da expetoração e os resultados da radiografia do tórax. Adis Abeba, 2007

Características	Estado do VIH n=417	
	Positivo	Negativo
Esfregaço negativo	31	37
Esfregaço positivo	37	82
Zona superior	9	12
Zona média/baixa	16	19
Cavidades	9	12

4.7 Comportamentos de risco para o VIH dos doentes com TB e respetivo estatuto de VIH

As avaliações dos comportamentos de risco para o VIH/SIDA revelaram que 123 (29,36%) não tinham múltiplos parceiros sexuais, 54 (13,42%) tinham um a três e 31 (7,4%) tinham mais de três parceiros sexuais. Dos homens sexualmente activos, 59 (14,1%) tinham antecedentes de contacto com profissionais do sexo. Quanto ao uso do preservativo, 44 (10,6%) dos inquiridos usavam-no regularmente, 36 (8,61%) usavam-no ocasionalmente e 65 (15,6%) nunca o tinham usado. A falta de conhecimentos, a negligência e a inacessibilidade são algumas das barreiras à utilização do preservativo entre os inquiridos. A maioria dos participantes no estudo, 324 (86%), tinha conhecimentos sobre doenças sexualmente transmissíveis. Os antecedentes de DST revelaram que 56 (13,75%) tinham relatado ter tido úlcera genital e 84 (20,15%) dos inquiridos tinham relatado ter tido corrimento genital nos últimos anos.

Em relação ao estado do VIH, 18(13%) dos doentes com TB declararam não ter tido qualquer contacto sexual com parceiros sexuais não comerciais, 17(12,5%) dos doentes com TB declararam ter tido um a três parceiros sexuais e 17(12,5%) dos doentes com TB declararam ter tido mais de três parceiros sexuais, tendo sido considerados seropositivos. 33(24,1%) dos doentes com TB sexualmente activos do sexo masculino que declararam ter tido relações sexuais com profissionais do sexo comerciais eram seropositivos para o VIH.

Relativamente à utilização do preservativo e à serologia positiva para o VIH, 15 (22%) dos inquiridos que o utilizaram regularmente, 23 (56%) dos inquiridos que o utilizaram ocasionalmente e 22 (32,4%) dos inquiridos que nunca o utilizaram eram seropositivos para o VIH. Em relação às DST e ao estado serológico do VIH entre os doentes com tuberculose, 126 (92,7%) dos inquiridos tinham conhecimento de DST, 36 (26%) dos doentes com tuberculose tinham história de úlcera genital e 55 (40%) dos doentes com tuberculose tinham história de corrimento genital e eram seropositivos para o VIH

Quadro19: Alguns factores de risco para o VIH/SIDA avaliados quanto à possível associação com o estatuto de seropositividade ao VIH entre os doentes com tuberculose Adis Abeba, 2007

Características n=417	Estado do VIH		RUP bruto 95%	OR ajustado IC
	Positivo n=136	Negativo n=281		
Parceiros sexuais múltiplos				
Um	29	54	1*	
1-3	25	29	8.21	(4.21, 16.17)
>3	19	10	9.89	(4.74, 20.89)
Sem resposta	63	141	1.38	(0.67, 2.85)
Trabalhador do sexo comercial				
Sim	38	17	4.67	(2.61, 8.40)
Não	73	178		
Não testado	4	36		
Utilização de preservativos				
Sempre	15	23	1*	
Algumas vezes	23	10	1.85	(0.55, 642)
De modo algum	22	35	1.80	(0.48, 6.91)
Sem resposta	35	91	9.56	(0.14, 2.21)
Motivo da não utilização de Preservativo				
Falta de conhecimento	61	86	1*	
Não pensei nisso	20	23	3.06	(0.75, 13.27)

Não disponível	6	9	2.25	(0.55, 9.73)
Sem resposta	42	108	0.84	(0.19, 3.93)
Conhecimento das DST				
Sim	126	198	3.14	(1.90, 5.22)
Não	9	30		
História de úlcera genital				
Sim	36	19	8.81	(4.51, 17.46)
Não	99	214		
História de corrimento genital				
Sim	55	28	5.49	(3.27, 9.25)
Não	80	203		

A Tabela 19 mostra alguns comportamentos de risco, para o VIH/SIDA, avaliados quanto à possível associação com o VIH seropositivo entre os doentes com TB.

A taxa de prevalência do VIH foi observada entre os doentes com TB que tiveram um ou mais parceiros sexuais não comerciais73(53,6%) , do que entre os doentes com TB que não tiveram qualquer contacto sexual com parceiros sexuais não comerciais93(68%) e que mostram uma forte associação (OR=8,21,95%CI:4,21,16,17 p,0,05)

33(24%) dos doentes com TB sexualmente activos do sexo masculino que tiveram relações sexuais com profissionais do sexo foram considerados seropositivos para o VIH em comparação com 31(22%) dos homens sexualmente activos que não tiveram contacto sexual com profissionais do sexo e que são seropositivos para o VIH têm uma forte associação (OR=4,67,95%CI :2,61,8,4P<0,05)

126 (92%) dos que tinham conhecimento das DST eram seropositivos para o VIH, em comparação com 9 (6,6%) dos que não tinham conhecimento das DST, o que demonstra uma forte associação (OR = 3,14 90% CI 1,90, 5,22 P <0,05).

Verificou-se que 36 (26%) dos doentes com TB que tinham úlcera genital eram seropositivos para o VIH, em comparação com 99 (73%) dos que não tinham úlcera genital e que eram seropositivos e tinham uma forte associação (OR =8,81,95% CI4,51, 17,46, P<0,05).

55 (40%) dos doentes com TB que apresentavam corrimento genital eram seropositivos, em comparação com 80 (58,8%) dos que não apresentavam corrimento genital, e revelaram uma associação significativa (OR = 5,49, IC 95%: 3,27, 9,25, p<0,05)

Discussão

A tuberculose tem sido e continua a ser o principal problema de saúde pública em Adis Abeba. A sua co-infeção com a epidemia de VIH/SIDA foi agravada e agravou ainda mais a situação (34). Em Adis Abeba, a prevalência do VIH na população em geral varia de ano para ano. Um estudo realizado em 2000 revelou que a prevalência global do VIH entre os doentes de tuberculose registados com idade igual ou superior a 15 anos era de 37,2%, o que é superior à prevalência do VIH nos adultos na população em geral. Esta conclusão é consistente com a de outros estudos realizados na África Subsariana, que se situa entre 20-60% (34). No entanto, esta taxa é inferior à registada no sul da Etiópia em 1994 (33). Mais uma vez, outro estudo realizado em Adis Abeba com 236 doentes com TB AFB revelou que a taxa de seroprevalência entre os doentes com TB era de 45,3% (32). Esta discrepância seria provavelmente atribuída à área de estudo, onde todos os estudos foram efectuados em grandes cidades e que podem também ser áreas potencialmente de alto risco.

A prevalência do VIH é mais elevada entre os doentes com tuberculose do que na população em geral, como se observou no norte da Tailândia, que é de 40% entre os doentes com tuberculose, em comparação com 8% entre os assistentes de clínicas anti-natais (34).

Assim, o presente estudo centra-se principalmente numa das maiores cidades da Etiópia, o que seria de esperar com áreas de risco potencialmente elevado, que provavelmente representariam o quadro geral de co-infeção por tuberculose e VIH na região.

Alguns relatórios publicados sobre a seroprevalência do VIH entre os doentes com tuberculose apresentam taxas muito variáveis a nível mundial. Enki et al[18] descobriram que 66% dos doentes com tuberculose recentemente diagnosticados em Kampala (Uganda) eram seroprevalentes em relação ao VIH. No entanto, Onorato e McCray[11] referiram que 3,4% dos 3 077 doentes com tuberculose eram co-infectados pelo VIH nos EUA. Um estudo realizado por V.K Arora revela que cerca de 70% dos indivíduos afectados pelo VIH têm normalmente um ou mais episódios respiratórios durante o curso da sua doença VIH.

A caraterística mais invulgar do VIH/SIDA entre os africanos é a distribuição equitativa de casos entre homens e mulheres (38). Do mesmo modo, o presente estudo é consistente com esta conclusão, em que a prevalência do VIH foi de 67 (16%), 69 (16,5%) para homens e mulheres, respetivamente. Não se registou uma diferença significativa entre os sexos no soro seropositivo.

A tuberculose pode afetar indivíduos de todas as idades na população. No entanto, o presente estudo mostrou que a epidemia de VIH/SIDA afectou o grupo etário principalmente entre os 30 e os 39 anos e, de acordo com o Ministério da Saúde, o relatório de casos de SIDA indica que a idade média dos doentes com SIDA era de 27 anos para as mulheres, 32,5 anos para os homens e 30 anos para ambos os sexos (39). Do mesmo modo, o presente estudo revelou que existe uma significância estatística entre a idade e a seropositividade ao VIH, sendo a maior positividade observada no grupo etário dos 20-39 anos. A idade média das mulheres neste estudo foi de 30,1 anos e a dos homens de 34 anos. As diferenças de idade média podem provavelmente indicar que as mulheres iniciam as relações sexuais relativamente mais cedo do que os homens, sendo provável que as infecções sejam adquiridas vários anos antes, o que sugere que os jovens estão a ser infectados na adolescência. Assim, esta prevalência etária do VIH em doentes com tuberculose reflecte provavelmente a prevalência etária específica do VIH na comunidade.

De acordo com seis relatórios sobre a SIDA, na Etiópia, a prevalência estimada do VIH em adultos em Adis Abeba em 2005 era de 11,7% e um estudo anterior revelou que a prevalência do VIH entre os doentes de TB registados era de 45% em Adis Abeba. Observou-se uma diferença significativa entre os estudos de prevalência efectuados em Adis Abeba em 1997 (34) e o estudo atual. Isto indica que pode haver uma diminuição substancial da propagação da infeção pelo VIH entre os habitantes de Adis Abeba. Este objetivo pode ser alcançado através do aumento da educação para a saúde e do CAP em relação ao VIH na comunidade de Adis Abeba. Assim, os profissionais de saúde e todos os outros organismos envolvidos têm de ter em consideração a estratégia preventiva através de uma forte educação para a saúde e do reforço do CAP em relação ao VIH/SIDA.

Neste estudo, a etnia esteve fortemente associada à seropositividade ao VIH. Mesmo após o controlo de possíveis factores de confusão. Uma vez que ninguém está imune à infeção pelo VIH/SIDA. Este facto requer atenção para uma investigação mais aprofundada.

Este estudo mostra que houve uma diferença significativa entre várias ocupações e a seropositividade ao VIH e a tendência foi citada por ordem decrescente, mais elevada entre os trabalhadores diários, comerciantes e donas de casa. Isto também é consistente com outros relatórios anteriores no país (32,33). Por conseguinte, esta descoberta indicaria provavelmente um grupo de alto risco na comunidade, o que poderia ajudar o pessoal de saúde a transmitir conhecimentos, incluindo este grupo-alvo, e a tentar prevenir comportamentos de risco e limitar a propagação da doença na comunidade.

A diferença significativa observada neste estudo entre as donas de casa explica-se provavelmente por terem tido múltiplos parceiros sexuais ou por terem contraído o vírus antes do casamento. Isto implica que o aconselhamento pré-conjugal sobre o VIH é muito importante para minimizar os riscos antes do casamento. Por conseguinte, neste contexto, o poder ou as mensagens positivas de mudança de comportamento reforçadas pelo aconselhamento e teste voluntário do VIH podem ser úteis.

O presente estudo mostrou que o nível de instrução estava significativamente associado ao VIH e que a força da associação era maior entre os que tinham um nível de instrução superior ao 7º ano (p<0,005), o que contraria o facto de as pessoas mais instruídas poderem cuidar de si, pois compreendem facilmente os métodos de transmissão e de prevenção. Da mesma forma, outro estudo realizado entre jovens do sexo masculino do Zimbabué, com falta de associação entre conhecimentos e práticas, o que provavelmente indicaria que, talvez porque os mais instruídos tinham mais acesso à informação e também tinham dinheiro para gastar com prostitutas (26, 34). Por isso, o conhecimento por si só, como se viu neste estudo, pode não ser protetor, a não ser que se consiga uma mudança de comportamento.

Um dos slogans do clube anti-VIH/SIDA para prevenir a infeção e a propagação do VIH na população pediátrica é a proteção individual, principalmente através do casamento. No entanto, o presente estudo não corrobora esta realidade e mostra que houve uma forte associação entre os doentes de TB casados e os seropositivos para o VIH. Por conseguinte, é necessário prestar atenção ao VCT do VIH antes do casamento, apoiado por uma forte educação para a saúde, a fim de provocar uma mudança de comportamento na comunidade.

A associação mais elevada entre os participantes que se divorciaram ou perderam os seus parceiros por morte observada nestes estudos é também consistente com outros estudos efectuados na Etiópia (32,33). Isto sugere que a separação familiar conduziria provavelmente a comportamentos de risco, que acabariam por conduzir à infeção pelo VIH.

Apesar de o risco de contrair o VIH ser mais elevado entre os trabalhadores diaristas do que em qualquer outra profissão neste estudo. Estudos demonstraram que a prática sexual extraconjugal e a multiplicidade de parceiros sexuais estão amplamente disseminadas entre os jovens sexualmente activos em Adis Abeba. Assim, os indivíduos e muitas famílias adquirem o VIH talvez através destes tipos de transmissão (39). Do mesmo modo, este estudo mostrou que ter relações sexuais com um ou mais parceiros sexuais não comerciais ou ter tido relações sexuais com trabalhadores do sexo comerciais estavam fortemente associados à seropositividade para o VIH. Assim, uma informação franca sobre a forma de prevenir a transmissão através do sexo, o desenvolvimento de competências para a utilização do preservativo e a combinação de outras abordagens na educação para a saúde ajudarão a comunidade.

Tem sido referido que as doenças sexualmente transmissíveis (DST) aumentam a probabilidade de transmissão heterossexual do VIH/SIDA (30). Um estudo realizado em duas clínicas de DST em Addis Abeba mostra que 30%-40% dos doentes com DST estavam infectados com o VIH (30). Noutro estudo realizado em 1991, as taxas de seropositividade nas pessoas que apresentavam úlceras genitais e corrimento uretral eram de 16% e 7%, respetivamente (33). Também foi demonstrado noutros estudos que a seropositividade para o VIH era mais elevada entre os doentes com úlcera genital do que entre os doentes com DST não infecciosas (30, 34). Do mesmo modo, o presente estudo revelou que 78,8% dos doentes com tuberculose que referiram ter tido corrimento genital eram seropositivos (p<0,001). Este resultado apoia a ideia de que as DST que perturbam o epitélio genital podem aumentar a eficácia da transmissão do VIH e, para além do efeito das DST na dinâmica de transmissão do VIH-1, há cada vez mais provas de que o VIH-1 tem uma repercussão importante na transmissão de outras DST (33) no país. Este achado indicou que ter antecedentes de DST com tuberculose aumentaria o índice de suspeita para o diagnóstico do VIH.

Como se pode ver na tabela 18, a maioria dos nossos doentes com tuberculose referiu ter tido febre e tosse. Tanto os doentes seropositivos como os seronegativos apresentavam queixas semelhantes e esta conclusão é consistente com outros estudos (32, 33). Isto sugere que tanto a tuberculose como a infeção pelo VIH podem levar a doenças crónicas e ao definhamento e ambas estão associadas a tosse e febre persistentes e esta conclusão mostra que alguns sintomas dos doentes seropositivos com tuberculose eram semelhantes, indicando as dificuldades no diagnóstico clínico(33).

Também foi referido que a perda de peso, a linfadenopatia e o herpes zoster eram os melhores indicadores do diagnóstico de SIDA entre os doentes com tuberculose, por ordem de classificação (10). Do mesmo modo, neste estudo, o facto de o doente com tuberculose ter relatado ter tido diarreia, prurido corporal generalizado e cicatriz de herpes zoster foi fortemente associado à positividade para o VIH-soro, o que é consistente com outro estudo (32).

Estes achados clínicos podem ajudar a identificar doentes com infeção dupla, com tuberculose e VIH.

A tuberculose é uma doença com diversas manifestações clínicas e os estudos indicam que a proporção de tuberculose pulmonar representa 80% de todos os casos de tuberculose (7, 25 e 27). Com base nalguns estudos, a OMS estima que a proporção de tuberculose pulmonar com baciloscopia negativa representa 20-25% da tuberculose; no entanto, neste estudo, a proporção de tuberculose pulmonar com baciloscopia negativa é muito mais elevada, 47,32%. Esta discrepância pode ter resultado do impacto do VIH na manifestação clínica do doente com tuberculose, indicando que, na tuberculose pulmonar de doentes VIH positivos, a imunidade tende a ser suposta e o doente seria provavelmente incapaz de produzir expetoração e apresentaria tosse seca. Isto leva a dificuldades de diagnóstico, o que indica que a ausência de tuberculose pulmonar em doentes com VIH seria um fenómeno comum que poderia ter impacto na sobrevivência do doente.

A apresentação clínica dos doentes com tuberculose infectados pelo VIH depende principalmente da fase da infeção pelo VIH. Os estudos demonstraram que a taxa de deteção da tuberculose com base na baciloscopia da expetoração seria comparável à da tuberculose pulmonar seronegativa apenas durante as fases iniciais da infeção pelo VIH (8, 25 e 27). Nas fases avançadas, há uma tendência para desenvolver tuberculose com baciloscopia negativa (7, 18). Do mesmo modo, este estudo mostrou que 22,7% dos doentes com tuberculose pulmonar com baciloscopia negativa eram seropositivos e tinham uma forte associação seropositiva com o VIH em comparação com os doentes com tuberculose pulmonar com baciloscopia positiva. Esta conclusão é diferente da de outros estudos realizados em Shashamene e Harar, que revelaram que a maioria dos doentes seropositivos tinha expetoração positiva (32, 33). Esta discrepância pode ser explicada pelo nível de imunossupressão provocado pela infeção por VIH e pela exposição posterior à infeção por tuberculose na nossa população de estudo.

Foi indicado que, nas fases avançadas da infeção pelo VIH, a apresentação clínica seria atípica e as formas extra-pulmonares, como a linfadenite tuberculosa, ocorreriam com uma frequência relativamente mais elevada (25). Do mesmo modo, no nosso estudo, entre a tuberculose extra-pulmonar, a linfadenopatia foi a forma mais frequente (50,6%) de tuberculose extra-pulmonar. Este achado é consistente com outros estudos relatados no Quénia, Zâmbia e Etiópia (17, 20 e 35). Provavelmente, neste estudo, a maioria dos casos pode estar numa fase avançada da doença.

No entanto, ao contrário de outros estudos no Sul da Etiópia (32) e no Zaire, Zâmbia (20), os nossos doentes com tuberculose extra-pulmonar tinham menos seropositivos para o VIH (8%) em comparação com a tuberculose pulmonar positiva na expetoração, que é de 41,5%. A diferença pode ter resultado da dupla epidemia. Estes aumentos de seropositividade para o VIH entre os casos positivos de expetoração mostrariam provavelmente que existe uma interação entre o VIH e a BTB, o que, consequentemente, leva a um aumento da transmissão da TB na comunidade. Por conseguinte, as estratégias duplas são mais úteis para controlar a epidemia dupla.

A radiografia do tórax pode ter um valor adicional no diagnóstico da tuberculose. Sobretudo na tuberculose pulmonar com baciloscopia negativa. Sabe-se que a forma clássica de TB, com cavitações e lesão pulmonar no lobo superior, é determinada pela interação entre o sistema imunitário do hospedeiro. Na presença de imunodeficiência, pode esperar-se um resultado diferente; por conseguinte, o aspeto da radiografia pode não ser típico da TB (7, 25 e 30). Especialmente nas fases avançadas da infeção por VIH, a TB tende a ser disseminada, com ausência de cavitações e anomalias nos lobos inferiores em vez de nos superiores (7, 25).

Neste estudo, para todos os achados da radiografia do tórax, 8,5% envolveram o lobo superior, 14,11% infiltraram o lobo médio e inferior e 8,4% tinham cavidades na tuberculose pulmonar. Além disso, observaram-se mais cavitações pulmonares (11%) nos doentes seronegativos para o VIH e o envolvimento do lobo superior também foi observado em mais 11,3% dos doentes com tuberculose pulmonar seronegativa para o VIH, enquanto o envolvimento dos lobos médio e inferior foi observado em mais 17,7% dos doentes seropositivos para o VIH. Os resultados também são comparáveis aos de outros estudos (32) e reforçam o achado radio-lógico da fase tardia da infeção por VIH/SIDA (7, 23 e 25). Os homens apresentaram uma taxa mais elevada de STDS do que as mulheres (21% e 12%, respetivamente). A religião e a etnia não tiveram qualquer influência.

A utilização de PICT está significativamente associada ao nível de escolaridade e às condições de trabalho e de vida. (Os resultados do presente estudo demonstram que o VIH é entendido como uma doença largamente associada à TB. Esta conclusão é procurada para um inquérito exaustivo e representativo a nível nacional sobre os doentes com TB em relação ao VIH. É imperativo que se desenvolva uma base de dados que capte a variação social e cultural entre diferentes grupos etários, sexo, profissão, etnia e religião entre os doentes com TB em Adis Abeba.

Pontos fortes e limitações do estudo

Força

1. O presente estudo abrangeu um grande número de serviços de saúde pública de Adis Abeba

instituições (clínicas DOT), em que a área de amostragem era ampla para refletir a magnitude do problema da co-infeção VIH/SIDA e tuberculose na região administrativa de Adis Abeba

2. A recolha de dados e o PICT foram realizados por profissionais de saúde, porque foram identificados muitos sintomas das doenças oportunistas, pelo que, de acordo com esta condição, se pode dizer que o resultado obtido foi fiável.

3. Não foram realizados testes anónimos de VIH não associados a clientes com TB.

4. A natureza do estudo foi transversal, apenas os doentes com TB registados na clínica DOT, através de um sistema de amostragem sistemático, foram incluídos no estudo como sujeitos.

Fraqueza

1. O PICT (teste e aconselhamento sobre o VIH iniciado pelo prestador) não foi facilmente implementado para os utentes com tuberculose na clínica DOT, uma vez que os utentes não se voluntariaram facilmente por algumas razões.

2. Dos 417 indivíduos do estudo, 47 recusaram o PICT ou o teste voluntário do VIH.

Conclusão

A taxa de prevalência do VIH foi mais elevada no grupo etário dos 30-39 anos, que é o recurso produtivo e económico do agregado familiar na comunidade, pelo que a infeção por TB e VIH teria consequências negativas para o estatuto socioeconómico do país.

O presente estudo mostrou que a prevalência do VIH entre os doentes de TB (32,5%) diminuiu em relação a estudos anteriores e é quase semelhante à taxa de prevalência nacional, que era de 31,5% (segundo a equipa de prevenção e controlo das doenças da TB e da lepra, FMOH 2007).

Este estudo demonstrou que o facto de não ser casado, ter múltiplos parceiros sexuais e ser trabalhador diário tem uma forte associação com a seropositividade

O presente estudo é consistente com outros estudos em África, onde a prevalência do VIH é de 49%, 50% para homens e mulheres, respetivamente. Não há diferença significativa entre os sexos na positividade sérica do VIH entre os doentes com TB

Por conseguinte, os resultados deste estudo ajudarão o programa de controlo da SIDA em Adis Abeba a identificar os grupos específicos de pessoas que mais necessitam de informação e de serviços e que são mais vulneráveis ao risco de infeção pelo VIH.

Por conseguinte, foi feita a seguinte recomendação para possivelmente aliviar os problemas existentes em torno do VIH/SIDA e da tuberculose.

Recomendação

1) Reforçar as actividades de educação sanitária para reduzir os factores de risco do VIH.

2) Reforçar o PICT nas clínicas Dots a fim de aumentar o número de voluntários para o teste do VIH entre os clientes da TB.

3) Como os casos de tuberculose pulmonar com baciloscopia negativa podem não ser detectados em doentes com VIH, o que acaba por afetar a taxa de sobrevivência, todos os casos suspeitos após o rastreio do VIH devem receber profilaxia. Por conseguinte, o programa de controlo do VIH/SIDA deve prestar atenção à incorporação da profilaxia na estratégia de controlo.

4) As actividades de intervenção no domínio da tuberculose e do VIH/SIDA devem ser fortemente integradas.

5) Aumentar os conhecimentos dos conselheiros e dos profissionais de saúde em matéria de PICT e VCT para que possam lidar e tratar com experiência os doentes de TB nas clínicas DOTS.

6) Reforçar as actividades de colaboração em matéria de tuberculose e VIH/SIDA a todos os níveis.

7) Fazer o rastreio do VIH a todas as pessoas infectadas com tuberculose e também àquelas que têm tosse prolongada durante mais de 2-3 semanas.

Referências

1. The Growing Burden of Tuberculosis: global Trends and Interactions with the HIV Epidemic, Archives of Internal Medicine, 2003.

2. Tuberculose e outras apresentações clínicas do VIH/SIDA em pacientes com ou sem terapia antirretroviral em Katmandu: Katmandu University Medical Journal (2007), Vol. 5, No. 1, Issue 17, 22-26

3. SIDA NA ETIÓPIA: Sexto relatório, FMOH, 2006.

4. TB/HIV research priorities in resource- limited settings, OMS, Genebra, 2005.

5. Global Tuberculosis control, Surveillance, Planning, Financing, relatório da OMS de 2007.

6. Directrizes para a vigilância do VIH entre os doentes com tuberculose. Genebra, OMS 2004.

7. Prevenção e controlo da tuberculose, da TB/VIH e da lepra, Plano Estratégico, FMOH, 2007

8. Acesso acelerado à prevenção, cuidados e tratamento do VIH/SIDA na Etiópia: Roteiro 2007-2010

9. Estimativa da prevalência do VIH num único ponto, FHAPCO, 2007.

10. Epidemiologia do VIH-TB na Ásia. India J Med Res 120, 2004, pp 277-289

11. Folha informativa sobre o **VIH/SIDA** e as doenças pulmonares, 2006

1 2. Identifying HIV/AIDS, sexually transmitted infections and tuberculosis Research gaps and priority setting agenda in Ethiopia, EPHA, 2005

13. Guidelines for HIV Surveillance among Tuberculosis Patients, OMS, 2004.

14. Haar, C.H,Cobelens,F.G.J,Kalisvaat ,Van Deutekon. A prevalência do VIH entre os doentes com TB nos Países Baixos. 1993 -2001.

15. Guidance on provider- initiated HIV testing and counseling in Health Facilities, OMS, 2007.

16. L. Corbett, PhD; Catherine J. Watt, :The Growing Burden of Tuberculosis Global Trends and Interactions With the HIV Epidemic Arch Intern Med. 2003;163:1009-1021.

17. Organização Nacional de Controlo da SIDA, Programa Nacional de Controlo da SIDA, Índia. Ministério da Saúde e do Bem-Estar Familiar, Governo da Índia, Nova Deli 1993.

18. Maher D, Floyd K, Raviglione M. Strategic framework to reduce the burden of TB/HIV. Genebra, OMS, 2002.

19. Onorato IM, McCray E. Prevalence of human immune deficiency virus infection among patients attending tuberculosis clinics in the United States (Prevalência da infeção pelo vírus

da imunodeficiência humana entre pacientes que frequentam clínicas de tuberculose nos Estados Unidos). Division of HIV/AIDS, Centers for Disease Control, Atlanta, GA 30333.

20.Mukadi, Ya Diul; Maher, Dermot; Harries, Anthony .Tuberculosis case fatality rates in high HIV prevalence populations in sub-Saharan Africa 2004.

21.Será o DOTS suficiente? Uma reavaliação do controlo da tuberculose em países com elevadas taxas de infeção pelo VIH [Contraponto] The International Journal of Tuberculosis and Lung Disease, 2005 Volume 3, Número 6, , pp. 457-465(9)

22.Range N,Ipuge Y. A., OBrien R. J., Egwaga S. M., Mfinanga S. G., Chonde T. M., Mukadi Y. D,Borgdorff M. W. Trend in HIV prevalence among tuberculosis patients in Tanzania, 2001, pp. 405-412(8)

23.Narain J.P., Raviglione M.C. HIV associated tuberculosis in developing countries. Epidemiologia e estratégias de prevenção da TB e das doenças pulmonares 2002. 73-311

24.Boletim da OMS: A tuberculose na atualidade - Uma visão global da situação da tuberculose; Boletim da OMS/TB, Genebra 2003.

25.Organização Nacional de Controlo da SIDA, Programa Nacional de Controlo da SIDA, Ministério da Saúde e do Bem-Estar Familiar, Governo da Índia, Country Scenario - An Update. Dez. 2003, páginas 1, 3 e 8

26.Organização Mundial de Saúde: Grupos de risco: Relatório da OMS sobre a epidemia de tuberculose, 2005.

27. Chum HJ et al. An epidemiological study of tuberculosis and HIV infection in Tanzania, 2004, 10:299-309.

28. Quy HT et al. Aumento acentuado da prevalência do VIH entre os doentes com tuberculose na cidade de Ho ChiMini. AIDS, 2002, 16:931-932.

29. Vigilância do VIH: um manual de formação para a Região Africana. Brazzaville, Gabinete Regional da Organização Mundial de Saúde para África, 2003

3 0 .HIV/AIDS communication framework. Addis Ababa, HAPCO, 2002.

31. Kedir Wajiso. Avaliação da prevalência do VIH-soro entre os doentes de tuberculose registados na zona de Arsi /relatório de síntese/, Adis Abeba, 2003

32. Gellete A, Kebede D, e Berhane Y. Tuberculosis and HIV infection in Southern Ethiopia. Ethiop.J Health Dev.1997; 11(1):51-59

33. Demissie M ,Lindtjorn B, Tegbaru B. HIV infection in TB patients in Addis Ababa (Infeção pelo VIH em doentes com tuberculose em Adis Abeba). Ethio.J Health Dev.2000; 14(3):277-281

34.	Raviglione MC, Narain JP, Kochi A: HIV-associated tuberculosis in developing countries: clinical features, diagnosis, and treatment. Unidade de Tuberculose, OMS, Genebra, Suíça 2007.

35. Tuberculose e infeção pelo vírus da imunodeficiência humana nos países em desenvolvimento. [Lancet. 1990]

36.	Improving the diagnosis and treatment of smear- negative pulmonary and extra pulmonary TB, OMS, 2007.

Anexo 1

Data da entrevista--------------------

**Formulário de consentimento para a avaliação da seroprevalência do VIH entre os
doentes com tuberculose registados
em unidades de saúde pública em Adis Abeba**

Este formulário de consentimento será utilizado para obter o consentimento dos doentes com tuberculose que estão a ser tratados em clínicas DOTS em instituições de saúde públicas para participarem num inquérito. Se o cliente tiver entre 15 e 18 anos de idade, o tutor dará o consentimento em seu nome.

(Saudações) Chamo-me -- , e trabalho com o Dr. Zegeye Hailemariam, que está a realizar um inquérito transversal para determinar a prevalência do VIH/SIDA entre os clientes DOT-S das unidades de saúde pública.

O objetivo deste inquérito é saber também quantos dos doentes com tuberculose estão co-infectados com o VIH/SIDA.

A sua participação voluntária pode ajudar-nos a atingir o objetivo deste estudo; além disso, os resultados deste inquérito podem ser utilizados para o planeamento futuro de estratégias de prevenção e tratamento do VIH para clientes DOT-S.

Para realizar este inquérito, vou fazer-lhe uma série de perguntas e preciso de fazer aconselhamento voluntário e testes de VIH. Todas as suas respostas serão mantidas totalmente confidenciais. O seu nome não será escrito neste formulário e nunca será utilizado em relação a nenhuma das informações que me fornecer. Não é obrigado(a) a responder a nenhuma pergunta a que não queira responder; pode terminar esta entrevista quando quiser. No entanto, as suas respostas honestas a estas perguntas ajudar-nos-ão a compreender melhor as características clínicas do contexto social dos doentes com TB nas unidades de saúde pública em Adis Abeba. Agradecemos muito a sua ajuda para responder a este inquérito. Obrigado, concordo em participar neste inquérito

Assinatura-------------------------------------- -----------------------------

Nome e assinatura do entrevistador ---------------------------

Anexo 2

Questionário sobre a prevalência do VIH/SIDA entre os doentes de TB em clínicas públicas DOT-S em Adis Abeba, 2007.

Parte I: Características sócio-demográficas e comportamentos de risco

Não.	Perguntas	Categorias de codificação	Saltar para
101	Sexo do inquirido	1. Masculino 2. Feminino	
102	Que idade tinha no seu último dia de nascimento	Idade em anos completos---- 88. Não sei 89. Sem resposta	
103	Já frequentaste a escola?	1. sim 2. não	
104	Qual é o nível de ensino mais elevado que completou	1. Apenas leitura e escrita 2. Grau 1-6 3. Grau 7-12 4. Diploma 5. Diploma superior	
105	Qual é a sua religião	1.Ortodoxo 2.Muçulmano 3. Católico 4...Protestante 5. Outros (especificar)	
106	A que grupo étnico pertence?	1. Oromo 2. Amara 3. Tigre 4. Gurage 5. Sidama 6. Wolyta 7. Outros (especificar)	
107	Qual é a sua profissão	1 Estudante 2. Dona de casa 3. Agricultor 4. Trabalhador diário 5. Soldado	

		6. Policial 7. Comerciante 8. Funcionário público 9. Trabalhador do sexo 10. outro especificar ----	
108	Como está a sua condição de vida?	1) Sozinho 2 Com a família 3 Com amigos 4 Na rua 5 Outros (especificar)	
109	Qual é a sua atual fonte de rendimento?	1. próprio 2. Relativo 3. cônjuge 4. Amigos 5. Governamental 6. Empregado 7. outros (especificar)	
110	Qual é o tamanho da vossa família?	Em número----------- -------------	
111	Já foi casado?	1. sim 2. Não	
112	Se casado, que idade tinha quando se casou pela primeira vez	Idade em ano------------ 88. Não sei 89. Sem resposta	
113	É atualmente casado?	1 sim 2 Não	
114	Se casado Homens: têm mais do que uma mulher? Mulheres: o seu marido tem outras mulheres?	1 sim 2 Não	
115	Atualmente, se não for casado, o seu estado civil é	1 Parceiro d ied 2 divorciado 3 Separados	
116	Quantos parceiros sexuais não comerciais (teve nos últimos anos?(1-10 anos)	1 um 2 1-3 3 mais de três	

Não	Perguntas	Categorias de codificação	Saltar
		4 não resposta	
117	Teve relações sexuais com uma profissional do sexo nos últimos anos? (1-10 anos)	1 Sim 2 Não 89. Sem resposta	
118	Se a resposta for afirmativa para as perguntas 116 e 117, com que frequência usa preservativo quando pratica sexo?	1 De modo algum 2 Por vezes 3 Sempre 4 Não sei 89. Sem resposta	
119	Se a resposta for "Não" à pergunta número 118, por que razão não usou preservativo nessa altura?	1 Não disponível 2 Caro 3 o parceiro opôs-se	
	(Não ler, assinalar com um círculo todas as respostas possíveis)	4 Não penso nisso 88. não sei 89. Sem resposta	
120	Já ouviste falar de doenças que podem ser transmitidas através de relações sexuais?	1 sim 2 Não 88 Não sei 89 Sem resposta	
121	Teve alguma úlcera genital nos últimos anos? (6 a 12 meses)	1 sim 2 Não 88. Não sei 89. Sem resposta	
122	Já teve um acidente genital? alta durante os últimos anos (6-12 meses)	1 Sim 2 Não 88. Não sei 89. Sem resposta	
123	Teve antecedentes de transfusão de sangue nos últimos anos? (1-10 anos)	1 Sim 2 Não	
124	Já teve antecedentes de hospitalização devido a tuberculose?	1 sim 2. Não 3. Outros (especificar)	

Parte II: Informações clínicas

Para esta parte da entrevista, o entrevistador deve recolher a história clínica e fazer um exame físico

Não	Perguntas	Categorias de codificação	Saltar

201	Recebeu a vacina BCG durante a infância? (verificar a cicatriz BCG no deltoide direito)	1. Sim 2. NÃO 88. Não sei 89. Sem resposta	
202	Tem antecedentes de febre antes de vir para a instituição de saúde?	1 Sim 2. Não	
203	Em caso afirmativo, qual foi a duração?	1. Por menos de um mês 2. De duração igual ou superior a um mês 88. Não sei	
204	Teve diarreia antes de vir à instituição de saúde?	1. Sim 2. Não	
205	Durante quanto tempo se mantém?	1. menos de um mês 2. Maior ou igual a um mês 88. Não sei	
206	Teve tosse antes de vir para a instituição de saúde?	1 Sim 2 Não 88. Não sei	
207	Em caso afirmativo, qual foi a duração?	1. Menos de um mês 2. Maior ou igual a um mês 88. Não sei	
208	Teve algum achado neurológico (como fraqueza dos membros, paralisia facial, cefaleias severas, vómitos, etc.)?	1. Sim 2. Não 88. Não sei	
209	Perguntar por antecedentes de adenopatia linfática generalizada	1. atual 2. Ausente	
210	Teve candidíase oral (procurar na mucosa oral)	1. Presente 2. Ausente	
211	Lesão corporal generalizada / comichão	1. Presente 2. Ausente	
212	Procurar cicatriz de Zoster	1. Presente 2. Ausente	
213	Perdeu peso corporal significativo nos últimos seis meses?	1. Sim 2. Não 88. Não sei	

		89. Sem resposta	
214	Em caso afirmativo, qual foi o peso corporal máximo perdido?	1. Menos de 10% do peso corporal 2. Maior ou igual a 10% do peso corporal 3. Não medido	

Parte III: Resultados da investigação. Esta parte deve ser preenchida a partir do cartão do doente.

Não	Perguntas	Codificação de categorias	Saltar
301	Tipos de doentes	1. Novo caso 2. Recaída 3. Inadimplente 4. Não especificado	
302	Forma de tuberculose	1. Pulmonar 2. Extra pulmonar 3. Disseminado 4. Não especificado	
303	Se foi extra pulmonar, indicar o órgão envolvido	1. Nódulo linfático 2. Osso 3. Cardíaco 4. Intestino 5. Gonadal 6. Plural	
304	Registar a investigação laboratorial efectuada ao doente	1 AFB 2. Radiografia 3. Biópsia	
305	Se foi feito AFB, resultado do laboratório	1. Positivo 2. Negativo	
306	Se foi efectuada uma radiografia do tórax, para a tuberculose pulmonar, as partes envolvidas foram	1 zona média e inferior 2. Zona superior 3. Cavidades 4. Nenhuma constatação 5. Não comunicado	
307	O estado serológico do doente é	1. Positivo 2. Negativo 3. Não identificado	

Parte IV: Análise dos registos da unidade de saúde

Não	Perguntas	Codificação de categorias	Saltar
401	Número total de visitas de doentes com TB durante os últimos três meses	1 mês ------- 2nd mês --------- 3rd mês --------- Total ----------	
402	Número total de doentes com tuberculose rastreados para o VIH durante os últimos três meses	1 mês------------ 2nd mês ---------- 3rd mês ----------- Total -----------	
403	Número total de testes laboratoriais de VIH para doentes com TB realizados nos últimos três meses	1 mês ------------ 2nd mês ------------ 3rd mês ------------ Total ------------	
404	Número total de doentes com tuberculose que receberam PICT/PITC	1 mês------------ 2nd mês ------------- 3rd mês ------------- Total ------------	
405	Número total de casos de tuberculose referenciados nos últimos três meses	1 mês ------------ 2nd mês ------------- 3rd mês ------------ Total -------------	

Anexo 3

<u>Técnica de amostragem para doentes registados com TB em clínicas DOTS em Adis Abeba, 2007.</u>

1. Havia doentes com TB bem registados na clínica DOTS

2. Em seguida, dividir o número de doentes registados com TB pelo número atribuído de indivíduos do estudo.

Exemplo: - Se houver 100 doentes com TB registados na clínica e o número de indivíduos do estudo atribuídos for 20, (N/n), 100/20 = 5, este número 5 indica os intervalos de amostragem.

3. Em seguida, selecionar um número de entre os números 1 a 5 utilizando o método da lotaria, por exemplo, é selecionado o 4.

4. Esse número, que foi escolhido pelo método da lotaria, que é o 4, foi o número inicial. Por conseguinte, selecionar o doente com tuberculose registado com o número 4

5. Em seguida, adicione 5 após cada número de registo até atingir o número atribuído. Exemplo:- Começa com o número 4 e o seu próximo número de doente registado será 9, e os seguintes 14, 19, 24, 29, 34, 39 até preencher o número atribuído de participantes no estudo.

Anexo 4

Conceptual frame work for HIV prevalence Among TB-Clients

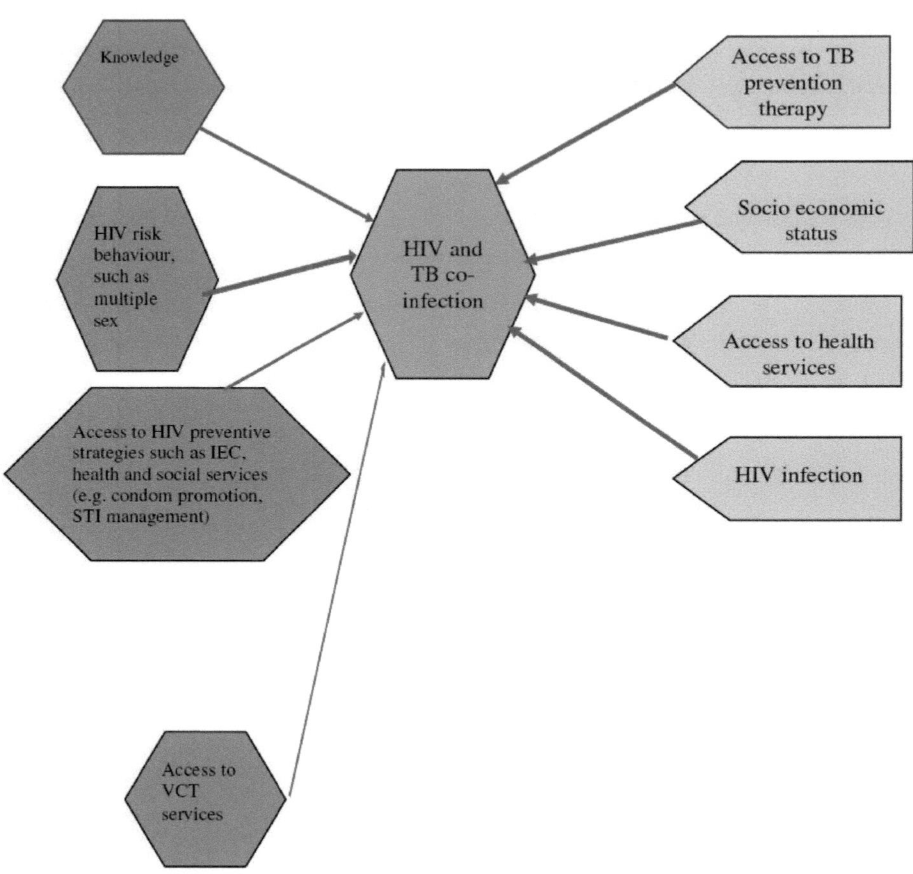

Declaração

Eu, abaixo assinado, estudante sénior do MPH, declaro que esta tese é o meu trabalho em cumprimento parcial do requisito para o grau de Mestre em Saúde Pública.

Nome: Zegeye Hailemariam (DVM)

Assinatura: -----------------------

Local de apresentação: Escola de Saúde Pública, Faculdade de Medicina e Ciências da Saúde, Universidade de Gondar.

Data de apresentação 19 de fevereiro[th] , 2008.

Este trabalho de tese foi apresentado para exame com a minha aprovação como orientador universitário.

Conselheiro: Assinatura

Nome: Dr. Mengesha Admassu (MD, MPH)   -----------

Buy your books fast and straightforward online - at one of world's fastest growing online book stores! Environmentally sound due to Print-on-Demand technologies.

Buy your books online at
www.morebooks.shop

Compre os seus livros mais rápido e diretamente na internet, em uma das livrarias on-line com o maior crescimento no mundo! Produção que protege o meio ambiente através das tecnologias de impressão sob demanda.

Compre os seus livros on-line em
www.morebooks.shop

Printed by Books on Demand GmbH, Norderstedt / Germany